应急避难场所专项规划编制指南

应急管理部　自然资源部

应急管理出版社

·北京·

图书在版编目（CIP）数据

应急避难场所专项规划编制指南/应急管理部，自然资源部制定． --北京：应急管理出版社，2024
ISBN 978-7-5237-0473-8

Ⅰ.①应… Ⅱ.①应… ②自… Ⅲ.①紧急避难—公共场所—建筑设计—规划—编制—中国—指南 Ⅳ.①TU984.199

中国国家版本馆 CIP 数据核字(2024)第 044124 号

应急避难场所专项规划编制指南

制　　定	应急管理部　自然资源部
责任编辑	郑　义
编　　辑	孟　琪
责任校对	赵　盼
封面设计	解雅欣
出版发行	应急管理出版社（北京市朝阳区芍药居 35 号　100029）
电　　话	010-84657898（总编室）　010-84657880（读者服务部）
网　　址	www.cciph.com.cn
印　　刷	北京建宏印刷有限公司
经　　销	全国新华书店
开　　本	850mm×1168mm $^1/_{32}$　印张　3/4　字数　10 千字
版　　次	2024 年 3 月第 1 版　2024 年 3 月第 1 次印刷
社内编号	20231649　　定价　5.00 元

版权所有　违者必究

本书如有缺页、倒页、脱页等质量问题,本社负责调换,电话:010-84657880

应急管理部 自然资源部关于印发《应急避难场所专项规划编制指南》的通知

应急〔2023〕135号

各省、自治区、直辖市应急管理厅（局）、自然资源主管部门、地震局，新疆生产建设兵团应急管理局、自然资源局：

为认真贯彻落实习近平总书记关于应急管理的重要论述和党中央、国务院决策部署，按照应急管理部等12部门关于加强应急避难场所建设的有关意见，指导和规范各地应急避难场所专项规划编制工作，应急管理部会同自然资源部研究制定了《应急避难场所专项规划编制指南》，现印发给你们，请参照执行。

各地要结合应急避难场所专项规划编制工作，因地制宜，积极探索，深入实践，及时总结经验，有关重要情况请及时报告应急管理部和自然资源部。

应急管理部 自然资源部
2023年12月22日

目 录

应急避难场所专项规划编制指南 …………………………… 1
  一、总体要求 …………………………………………… 1
  二、主要内容 …………………………………………… 6
  三、技术要点 …………………………………………… 12
  四、主要成果 …………………………………………… 15
附件：规划文本参考提纲 …………………………………… 17

应急避难场所专项规划编制指南

为认真贯彻落实习近平总书记关于应急管理的重要论述和党中央、国务院决策部署,按照应急管理部等12部门关于加强应急避难场所建设的有关意见,指导和规范各地应急避难场所专项规划编制工作,推动科学合理规划、高标准建设城乡应急避难场所,促进构建全国多层次应急避难场所体系,制定本指南。

一、总体要求

(一)规划目的

基于灾害事故风险、应急避难需求和可用应急避难资源等分析结果,科学确定本行政区应急避难场所分级分类布局和功能要求,建立完善城乡空间布局合理、资源统筹共享、功能设施完备、平急(疫/战)综合利用、管护使用规范的应急避难场所体系。

(二)规划原则

贯彻新发展要求。坚持以人民为中心的发展思想,坚持"人民至上、生命至上",坚持底线思维、极限思维,适应建立大安全大应急框架和健全完善国家应急管理体系新任务新要求,统筹发展和安全,最大限度保障人民群众生命安全和维护社会稳定。

强化规划指导作用。将编制应急避难场所专项规划作为科学合理规划、高标准建设应急避难场所的必要前提，坚持需求导向、问题导向、目标导向，突出分级分类，科学规划设计本行政区适宜级别类型的应急避难场所，增强规划的针对性、科学性、指导性和可实施性。

突出区域风险特征。突出不同区域特点和灾害事故特征，充分考虑当地地理地质环境、气象水文条件和人口分布、土地资源、城乡产业布局、公共设施与场地空间等因素，做好本行政区安全风险分析，合理确定应急避难需求。

统筹资源共建共用。融入新型城镇化、乡村振兴战略等，积极推进应急避难场所平急、平疫、平战结合，加强防灾防疫防空应急避难资源，以及公共文化、教育、体育、旅游和城乡基础设施等融合共建共用。

（三）方向重点

科学布局各级各类应急避难场所。按照分级负责、属地为主、分级响应调度资源的原则，在遵循国土空间规划、开展国土空间规划专项评估的前提下，以社区生活圈为基本安全单元，合理规划省级、市级、县级、乡镇（街道）级和村（社区）级应急避难场所发展布局。按照建筑及场地类别、总体功能定位，以及避难时长、避难种类、避难面积、避难人数、服务半径和设施设备物资配置等，科学设置室内型和室外型、综合性和单一性,以及紧急、短期、长期应急避难场所。可根据特殊需求及功能需要设置特定应急避难场所。

统筹利用各类应急避难资源合理建设。新建应急避难场所与新建城乡公共设施、场地空间和住宅小区等同步规划、建设、验收和交付;改造应急避难场所充分利用学校、文体场馆、酒店、公园绿地、广场,以及乡镇(街道)和村(社区)的办公用房、文化服务中心等公共设施和场地空间合理调整;通过政府组织评估、指定等方式,充分利用集贸市场、文旅设施、福利院、农村空旷场地等资源设置临时应急避难场所。新建和改造应急避难场所应结合城市发展和乡村振兴需要,统筹防灾防疫防空等多功能兼用进行设计,或为其预留必要功能接口。

加强室内型、综合性应急避难场所建设。新建、改造和指定应急避难场所,优先规划建设室内型、综合性应急避难场所,并提高安全性和舒适水平,适应多灾种、跨区域、长时间应急避难需要。2025年底前,综合性应急避难场所至少可满足本行政区所需应急避难总人数的60%,室内可容纳避难人数不低于室内外可容纳避难人数的20%;2035年底前,与中国式现代化相适应的本行政区应急避难场所体系全面建立,满足城乡人口避难需求的应急避难场所全覆盖。

加强城镇应急避难场所标准化改造。通过综合评估,对城镇地区已建成应急避难场所存在功能不足、配置简陋等情况进行升级改造，提升服务保障能力。在老旧小区、老旧厂区、老旧街区和城中村等存量片区功能改造中，更新改造公共设施或场地空间时同步完善其应急避难功能。选择配建地下人防掩蔽场所的公共建筑、住宅小区和地上人防疏散基地，以及公共文化、教育、体育、旅游设施等进行平急（疫/战）两用改造。

*加强乡村应急避难场所建设。*充分利用乡镇（街道）和村（社区）的办公用房、学校、村民活动室、文体场馆（设施）、公园、广场等公共设施和场地空间，规划建设应急避难场所。加大灾害事故高风险农村地区和乡镇集中居住区应急避难场所建设力度，一般情况下，1个乡镇至少设置1个乡镇（街道）级应急避难场所，1个行政村至少设置1个村（社区）级应急避难场所。

*科学设置应急避难场所功能与设施。*根据不同级别类型应急避难场所布局，选择适宜承担的功能，合理设置应急宿住、医疗救治和物资储备等功能区，科学配置供电、供水和排污等设施设备物资，具备条件的应急避难场所还可配置文体活动和心理抚慰等设施。应急避难场所内、外及周边区域规范设置指示标志等指引。结合公共设施和场地空间实际情况，考虑残疾人、老年人、幼儿孕妇和伤病员等特殊群体需要进行无障碍设计。

*充分考虑特殊条件下应急避难需要。*针对高原、高寒、高温、高山峡谷等特殊地理地质环境和气象水文条

件，以及重大危险源、核设施等高风险区域对应急避难的特殊需求，因地制宜进行应急避难场所功能设计，并配置相应的设施设备和防护保障物资。

（四）规划衔接

应急避难场所专项规划是国土空间规划体系中的专项规划，需符合本级国民经济和社会发展规划、国土空间总体规划，并与应急体系、人民防空、综合防灾减灾、恢复重建等规划相衔接，主要内容纳入国土空间详细规划。规划期限原则上与本级国土空间总体规划保持一致。

（五）编制步骤

工作准备。建立规划编制工作机制，应急管理部门会同自然资源部门负责组织编制工作，其他相关部门协同配合。利用国土空间规划相关技术成果，并参考相关标准规范，统一底图底数和用地分类标准，编制应急避难场所专项规划，并在国土空间规划"一张图"上，协调处理空间矛盾。可委托应急管理、空间规划等技术单位组成联合团队，承担规划编制工作。

相关研究。对影响应急避难场所专项规划的重要问题开展研究，包括灾害事故风险分析、应急避难资源调查分析、应急避难人口分析、应急避难场所规划目标、应急避难策略、应急避难场所分级分类体系等。对重大问题开展专题研究，形成专题研究报告。

成果制作。汇总提炼相关研究成果，落实规划任务，制作规划成果，形成规划文本、图集、数据库和说明书。广泛征求相关职能部门、行业专家、社会公众意见，并根据反馈意见进行修改完善。

审查报批。应急管理部门会同自然资源部门组织由应急管理、规划、设计、工程建设、场所管护使用等方面的专家组成的专家组，对规划进行评审和论证。规划通过评审论证后，依相关程序报批，批复后报上一级应急管理部门备案，并纳入国土空间规划"一张图"实施监督信息系统。

二、主要内容

基于经济社会、应急管理、应急避难场所发展现状等有关因素和应急避难人口需求，开展应急避难资源调查分析，制定规划目标和应急避难策略，进行应急避难场所发展布局规划，明确应急避难场所设计要求指引，提出实施安排及保障措施等内容。

（一）经济社会及应急管理发展现状

分析经济社会发展、应急管理现状及其对应急避难的影响，为专项规划的研究和编制提供基础。

经济社会发展现状。分析经济社会发展特点和趋势，以及相关规划中与应急管理及应急避难有关内容，重点把握与应急管理和应急避难相关的经济社会条件。

应急管理发展现状。分析相关应急管理能力现状和发展趋势，重点把握与应急避难场所相关的制度、体系

和资源等要求。

（二）应急避难场所发展现状及分析

总结应急避难场所发展历程，在应急管理发展现状和应急避难场所资源调查的基础上，对应急避难场所现状进行评估，分析存在的主要问题。

发展现状。主要包括以下内容：

（1）基本现状：应急避难场所数量、规模、城乡布局、空间分布、抗灾能力等。

（2）功能配置：避难时长、避难种类、避难面积、避难人数、服务范围、功能区和设施设备物资配置等。

（3）应急通道：疏散道路及通道级别、宽度、建设方式、与应急避难场所的时空可达性分析等。

（4）相关城乡基础设施：为应急避难场所服务的城乡基础设施状况、空间分布、抗灾能力和服务保障水平等。

分析评价。根据应急避难场所现状调查，对应急避难场所发展状况进行定性、定量分析和评价，得出评价结论，总结存在的主要问题，为应急避难场所规划建设提供已建成应急避难场所资源情况。

（三）应急避难需求及资源分析

主要包括灾害事故风险、应急避难人口分析和应急避难资源调查分析等内容。相关成果共享支撑国土空间规划专项评估。

灾害事故风险分析。重点分析灾害事故包括极端天气灾害的风险水平和分布。主要内容包括：与应急避难相关的主要灾害事故风险种类、风险大小、影响程度和空间分布等，结合全球气候变暖趋势分析极端天气灾害风险变化情况。

应急避难人口分析。重点分析得出需应急避难人口数量、特征和避难种类、避难时长等。避难人口特征应包括避难人员年龄构成、特殊避难需求及空间分布等。

应急避难资源调查分析。调查应急避难潜在资源，包括学校、体育场馆、酒店、公园绿地、广场、集贸市场、文旅设施、福利院以及乡镇（街道）和村（社区）的办公用房、文化服务中心等公共设施及场地空间与防疫防空资源等，结合已建成应急避难场所调查评价结果，综合得出可用的所有应急避难资源。应急避难资源信息主要包括：空间位置、类型、建筑场地条件、适宜避难种类、可用避难面积和基础设施情况等。

（四）规划目标与指标

根据相关条件和应急体系建设总体要求，明确应急避难规划目标，制定应急避难策略，并根据相关内容要求明确规划指标。

规划目标。统筹考虑应急避难场所建设任务，与经济社会发展目标相协调，采用定性与定量相结合的方式，提出分阶段发展目标。

应急避难策略。根据规划目标和应急避难场所现状、需求、资源等情况，制定应急避难总体安排，主要

包括不同灾害事故场景下转移避险、安置避难群众的解决方案和应急避难场所分级分类布局等。

指标体系。依据相关规范标准，明确应急避难相关系列技术指标，包括：可满足避难人口规模，满足所需避难人口百分比，人均有效避难面积，不同级别、类型应急避难场所比例和建设方式比例等。

（五）应急避难场所发展布局规划

结合规划目标和应急避难策略，对应急避难场所分级分类体系、城乡应急避难场所发展布局、应急通道和相关城乡基础设施进行规划。

应急避难场所分级分类体系。依据应急避难场所分级分类标准规范，设计构建适宜级别和类型的应急避难场所及其数量和规模。省级专项规划明确省级应急避难场所发展布局与要求，并对下级应急避难场所发展布局进行指导。市、县级专项规划落实上级规划要求，重点明确本级应急避难场所发展布局与要求，并对下级应急避难场所发展布局进行指导。乡镇（街道）和村（社区）重点落实上级规划要求进行建设，也可结合实际编制实施本级规划。

城乡应急避难场所发展布局。综合灾害事故风险、应急避难人口、应急避难资源调查等分析结果，科学选址布局应急避难场所。城镇地区重点考虑应急避难场所均衡发展、多种灾害事故避难、防灾防疫防空多功能用途兼用等需要。乡村地区充分考虑易发多发灾害事故特点、人口分布、地理地质环境、基础设施抗灾能力等，合理布局乡镇（街道）、村（社区）适宜级别和类型的应急避难场所。

应急通道与相关城乡基础设施。根据应急避难场所分级分类体系及发展布局和综合交通现状与规划，选取安全性、连通性和可恢复性较好的交通通道，作为应急避难场所外疏散道路，与应急避难场所内疏散通道有效衔接，明确相关建设标准和要求。根据应急避难场所功能需求，结合城乡基础设施现状与规划，确定支撑应急避难场所服务功能的供水、供电、排水、排污等相关基础设施空间分布和建设要求。明确相关基础设施服务供应中断时的应急保障途径和措施。

（六）应急避难场所设计要求指引

根据应急避难场所的级别和类型，对应急避难场所场地建筑条件、服务范围、功能区、设施设备、物资储备和信息系统等的设计提出指引。

场地建筑条件。按照基本建设和应急避难场所相关标准规范，明确应急避难场地建筑和基础设施保障条件，以及应急避难场所选址安全性、交通可达性和质量安全性等方面的要求。

服务范围。按照应急避难场所相关标准规范，根据就近避难的原则，明确不同级别、不同类型应急避难场所服务范围的设计要求。

功能区。按照应急避难场所相关标准规范，明确不同级别和类型应急避难场所的功能区划分要求,并尽可能统筹防灾防疫防空等多用途兼用设计,或可依不同用途灵活切换,或为其预留必要功能接口。

设施设备。按照应急避难场所相关标准规范,明确不同级别和类型应急避难场所应急设施和设备的配备要求。结合实际,设施设备应满足特殊群体和特定条件下无障碍等需求。

物资储备。按照应急避难场所相关标准规范,根据应急避难场所的级别和类型,明确应急避难场所物资储备的种类、数量、储备方式要求等。

信息系统。明确本行政区内应急避难场所资源统筹管理调度的信息化建设要求,统一使用统建的应急避难场所信息系统,增强应急避难场所信息系统视频监控和动态感知等实战化、智能化功能。构建应急避难疏散数字化平台框架,为应急避难疏散提供管理决策支持。

(七)实施安排

重点任务。根据应急避难场所发展现状分析、应急避难需求、规划目标和应急避难策略等,确定规划实施的重点任务,并明确建设目标及要求。

实施进度。根据规划实施的重点任务和项目资金、城市发展计划等约束条件,对规划实施进度进行优化,确定规划分阶段实施方案。

(八)保障措施

为推进规划的顺利实施,从组织领导、监督考核、资金统筹和社会参与等方面明确规划保障措施。

三、技术要点

（一）前期调研与分析

收集有关应急管理和防灾、防疫、防空等方面基础数据和资料，以及最新批复和正在实施的相关规划成果、统计年鉴和统计公报等。现状数据宜采用规划基准年的资料，反映发展历程的数据不宜少于5年。现状不明确的内容可开展必要的专门调查和分析。

灾害事故风险分析主要确定相关灾害事故风险的种类、等级和空间分布，分析相关地理地质环境、气象水文条件等自然本底特征，提出规划建设注意事项。应急避难人口分析综合考虑灾害事故风险分析和人口分布情况，并了解掌握特殊应急避难需求的人口情况，确定需要应急避难的人口数量和空间分布。

应急避难场所资源调查分析主要梳理评判相关防灾、防疫和防空等各类资源，建立应急避难场所资源数据库。对已建成的应急避难场所现状进行评估，给出纳入规范管理、标准化改造、撤销场所设置或取消避难功能的建议，对体育场（馆）、学校、防疫防空等潜在的应急避难资源进行分析，重点判别其安全性、建设适宜性和紧急情况下可用性。

（二）规划目标与指标

应急避难场所规划目标应符合相关经济社会发展、

国土空间总体规划和应急体系建设等上位规划要求，要有一定的前瞻性，并切实可行。结合相关规划，确定应急避难场所分级分类、城乡布局、数量、规模和服务保障能力等建设要求。

为便于规划实施和管控，结合相关标准规范，制定支撑落实规划目标的指标体系，主要包括可满足所需避难人口规模、室内与室内外应急避难场所可容纳避难人口百分比、有效避难面积和人均有效避难面积等指标。

（三）分级分类体系

应急避难场所分级分类体系规划坚持有利于贯彻落实分级负责、属地为主、分级响应调度资源的原则。根据行政区划、人口分布、灾害事故的影响范围、抗灾救灾能力等因素，按照分级分类标准规范的规定，合理确定不同级别、不同类型应急避难场所的数量、规模和建设要求等，严格控制建设单一功能应急避难场所。

在规划不同级别和类型的应急避难场所时，要确保有利于形成与行政区划、城乡布局和灾害事故风险特征相适应的应急避难场所体系，突出室内型、综合性和乡村应急避难场所建设。

（四）应急避难场所发展布局

符合国土空间规划，遵循总量够用、既有尽用、新建赋能、共建共用和区域协同的原则。城镇地区根据老城区、新城区、工业区和商业集中区等不同区域的安全风险、人口密度、应急避难场所资源条件和发展规划等因素，合理确定新建、改造适宜级别和类型的应急避难场所。乡村地区应急避难场所布局坚持安全第一、兼顾便于群众避险避难与应急救援，充分利用乡镇（街道）和村（社区）的办公用房、学校、福利院、文化服务中心、康养基地等进行规划改造，配备相应的设施设备和物资，提高乡村地区应急避难能力。规划布局时，要考虑本地区与周边地区共享应急避难场所资源的情况。

选址需避让地震断裂带、地质灾害隐患点及其危险区和洪涝灾害危险区等，无法避让的，必须采取工程防治措施；远离行洪区、水库泄洪区、洪水期间进洪或退洪主流区及山洪威胁区、高压线走廊区域等；避开天然气管道、输油管道及易燃易爆、有毒危险物品、核辐射物等储放地和其他易发生次生灾害的地段等；避开周边建（构）筑物垮塌和坠落物影响范围等。选址需考虑车行和步行便捷，便于群众应急避难。

（五）应急通道与相关基础设施

应急通道规划宜结合相关综合交通网络，增强应急避难场所外疏散道路连通水平。应急避难场所内要有至少两条不同方向与外界相通的进出疏散通道，并注意避开危险区，结合公共设施和场地空间实际情况，考虑残疾人、老年人、幼儿、孕妇、伤病员等特殊群体需要进行无障碍设计，要考虑峰值避难人员短时进出需要。乡村地区应急通道要求可根据当地实际情况适当放宽条件。

根据相关给水、供电、排水和排污等基础设施现状和规划，详细梳理与应急避难场所相关基础设施情况。根据应急避难场所级别和类型，按照相关标准规范，确定服务应急避难场所相关基础设施的空间分布及建设要求。其中，给水系统与应急避难场所宜有不少于2个位于不同路段的接口。应急避难场所污废水系统应与相关排水管网系统连通。根据应急期间应急避难场所用电负荷大小、重要性、供电连续性及中断电源后可能造成的损失或影响程度，规划应急避难场所的应急供电保障措施。

四、主要成果

包括规划文本、规划图集、规划说明和相关数据库。涉及向社会公开的规划文本、图件等，需符合国家保密管理和地图管理等有关规定。

（一）规划文本

规划文本应以条文形式概括规划结论，文字表达规范、准确、清晰，内容明确简练，具有指导性和可操作性。规划文本的内容主要包括但不限于文后参考提纲（见附件）所列内容。

（二）规划图集

规划图集所表达的内容和要求与规划文本一致，并标注图名、比例尺、图例、绘制时间等，并统一格式。

（1）基础图件。主要包括：应急避难场所资源分布图、灾害事故风险分析图、需避难人口分布图等。

（2）成果图件。主要包括：应急避难场所布局体系规划图、应急通道规划图、应急避难场所服务范围规划图等。

（三）规划说明

按照编制内容要求，对应规划文本相关章节，逐条进行详细说明，需重点说明的内容可适当增加篇幅，或另附专章说明，作为规划文本的支撑。

（四）相关数据库

按照应急管理数据资源管理规定和国土空间规划成果数据汇交要求，制作应急避难场所专项规划相关数据库，成果纳入应急管理大数据应用平台和国土空间规划"一张图"实施监督信息系统。

附件：规划文本参考提纲

附件

规划文本参考提纲

一、发展背景分析

（一）经济社会发展现状

（二）应急管理发展现状

（三）应急避难场所发展现状及分析

二、总则

（一）指导思想

（二）规划原则

（三）规划依据

（四）规划范围

（五）规划期限

三、应急避难需求与资源分析

（一）灾害事故风险分析

（二）应急避难人口分析

（三）应急避难资源调查分析

四、规划目标与指标

（一）规划目标

（二）应急避难策略

（三）指标体系

五、应急避难场所发展布局规划

（一）分级分类体系
（二）应急避难场所发展布局
（三）应急通道与相关城乡基础设施
（四）区域协同

六、应急避难场所设计要求指引

（一）场地建筑条件
（二）服务范围
（三）功能区
（四）设施设备
（五）物资储备
（六）信息系统

七、实施安排

（一）重点任务
（二）实施进度

八、保障措施

（一）组织保障
（二）资金保障
（三）社会参与